小腦袋思考大世界

我是獨一無二嗎?

南希·迪克曼 著
安德烈·蘭達扎巴爾 繪

新雅文化事業有限公司
www.sunya.com.hk

推薦序

多發問，多思考，開啟智慧和知識寶庫

　　從幼年時開始，我們就認識到日子由白天和黑夜組成，春天去了秋天會來。為什麼會有這些現象？原來大自然有其規律，而人的意志絕不能影響自然運作，無論我們多麼期待今天去郊外旅行，都不能改變天氣突然變壞而出不了門。

　　但如果人不能控制自然規律，那誰可以？為什麼會有自然規律？又到底為什麼會有自然世界呢？再追問下來，我們就不只知道太陽會升起又落下、冬天來了天氣轉冷的常識，還會逐步深入了解自然科學的知識，甚至可能掀起一場「哥白尼革命」。

　　自古以來人們相信地球是平的，因為在日常經驗中，我們感覺是生活在靜止的平地上，天上的太陽和星星都是圍繞我們而轉，直至五百年前，波蘭天文學家哥白尼經過長年的觀察，論證其實是地球和其他行星圍繞太陽運行，才推翻地球是宇宙中心的說法，徹底改變了人們的世界觀。

哲學史上亦出現過一次重要的「哥白尼革命」，那是二百多年前，由德國哲學家康德提出。康德指出我們認識的世界，只是透過我們人類的角度來了解，但世界的真正面貌是怎樣子，我們其實不知道。一頭河馬對世界的認知，就絕對和人類不同，儘管我們都是生存在地球上的生物。康德的主張所以重要，是因為當我們了解到自己的觀點原來有局限，就能用更開放的態度，來了解他人以至別的文化。

哲學被譽為「學科之母」，是因為哲學研究的問題，幾乎涵蓋所有領域，但更重要的是，要了解任何事物，都需要敏銳的思辨能力，為問題提出合理說明，而思考哲學問題，最能訓練理性能力。

《小腦袋思考大世界》叢書，引導孩子思考「我的身體、思想和情感會不斷成長、改變，但是什麼令我始終都是同一個人？」、「凡事都有原因？」等等。這些哲學問題其實相當日常，在人生的不同階段中會反覆碰到和思考，塑造出我們的人生觀和世界觀。**從小培養孩子對本書中問題的探討興趣，不僅可訓練理性思考能力，還同時養成面對問題的開放態度，打造一把理性鑰匙，開啟智慧和知識的寶庫。**

曾昭瑜

資深兒童哲學教育工作者
香港大學文學及文化研究碩士
倫敦大學哲學學士

哲學是什麼？

　　哲學的英文是Philosophy，意思是**對智慧的熱情，猶如對愛情一樣**。哲學就是通過不斷地提出問題，從而更了解這個世界。哲學家也喜歡了解人類的本質，例如：思考我們為什麼會成為現在的自己。這正正就是你閱讀這本書的期間，一直在做的事情！

　　很多時候，哲學家所提出的問題，並不會有清晰的答案，但這不要緊，因為這些問題能夠刺激你思考，甚或帶領你從一個嶄新的角度看待事情。因此，當你思考問題時，即使由此衍生出許多其他的問題也無不妥，這只會令你的思路變得更清晰！

　　其實，你也可以成為一名哲學家。只要你對自己、對身邊的事物保持好奇，經常思考一些令人費解的問題，並與朋友討論，你就是哲學家了。例如，你們可以討論人類和動物的區別，從中可發現大家的看法是否一致，你還可以從朋友的觀點中有所得着。

目錄

我是誰？

我是湯姆，但世界上不是只有一個湯姆。就以我學校來說，就有另一個湯姆是我的同班同學！

其實，湯姆只是一個名字，他跟其他的湯姆很不同，他是與別不同的！那麼他和其他的湯姆有什麼不同呢？他有一雙棕色的眼睛和一頭黑色的捲髮；他擅長踢足球，他也害怕被人搔後腿，因為這會令他發癢；而且，他還喜歡吃意大利麵。

湯姆有一個姊姊和一隻寵物烏龜；他最好的朋友是黛西。他也喜歡看書和跳彈牀，有時候甚至會邊跳邊看書呢！

　　湯姆的與別不同，使他成為獨特的人，不在乎名字是否一樣。那麼你呢？你有什麼與別不同的地方嗎？

我的身體和思想是分開的嗎？

　　你的身體非常奇妙！你能跑步、攀爬和跳舞；你也會打嗝和打噴嚏。你的五官透過看、聽、聞、嚐和觸摸讓你感知這個世界。

身體是一個實物，你可以看見它、觸碰它，就像你可以觸碰一棵樹、一塊比薩一樣。但身體就等於是你嗎？

每一個人都有思想，這就是精神層面上的你，所以思想是身體以外的你另一部分。思想可以透過五官收集信息，然後將信息轉化成記憶儲存在大腦，並在你有需要的時候拿出來使用；或許你不察覺，你的感受和夢境與你的思想是息息相關的。

我擁有靈魂嗎？

當你做了某件蠢事，曾否有人笑着說：「你沒有腦嗎？」。
你心裏想道：當然有啊，它就在我的頭裏面。

大腦呈灰粉色，非常柔軟濕潤。它負責控制身體的行動和我們的思考。許多人以為大腦和思想是同一樣東西。

也有些人覺得它們並不完全相同。他們認為大腦就像是電腦，只負責處理邏輯的思考。而除了大腦之外，人類還有靈魂，還有感性的一面，例如我們擁有豐富的情緒，我們能感受到什麼是美；而這感性的思想，就是你個人的特質，跟別人不同。有些人甚至認為人死後，靈魂還是永存的。

11

如何知道自己是真實存在的？

乍聽起來，這是一個愚蠢的問題。你能觸碰到自己的身體，而當你摔倒的時候，你會感受到那擦傷的膝蓋是多麼的疼痛啊！

你習慣用五官去感知這個世界，這讓你確定自己是真實存在的，但你不能總是相信你的感官！你是否曾經在夜裏看見貓咪的眼睛在發光，而以為那是一個發亮的小燈泡？你是否以為魔術師可以讓物件消失？噢！原來雙眼看到的並不一定是真實的，感官有時候也會出錯。如果不能夠完全相信五官，那我們又可怎樣確定自己是真實存在的呢？

我的人生只是一場夢？

有時候夢境會非常真實。那麼有沒有可能你的整個人生只是一個悠長的夢境？你可能第二天醒來，發覺自己身處在完全不一樣的生活之中。又或者我們只是一個大型電子遊戲中的角色而已？

記憶是什麼？

你的鞋子放在哪裏？法國的首都在哪兒？怎樣才能做出側手翻？你的記憶會為你解答以上種種問題。

大腦在獲取信息之後，會把它們儲存起來，方便日後使用。
這些儲存起來的信息就會成為你的記憶！你會記得朋友的生日
和何時是假日。你知道怎樣騎腳踏車和唱歌。而當有人送你巧
克力時，你心裏會泛起自己是喜歡西
蘭花，而不是巧克力的想法。

因為每個人的人生都不一樣，所以
我們擁有不同的記憶。而這些與別不同
的記憶，就是你所獨有的，而你就是自
己。但如果有一天你的記憶改變了，你
會變成另一個人嗎？

為什麼我會有情緒？

　　快樂、憤怒、驚喜、愛和恐懼都是情緒。情緒不僅會出現在你的大腦，它還會影響你的身體狀態。

　　就快輪到克萊拉上台表演才藝了，她感到很緊張，這使她的肚子感到非常不舒服；而這時在台上表演的凱恩則非常興奮，開心到止不住笑容。

　　就同一件事情，每個人會出現不同的情緒。才藝表演讓克萊拉感到緊張，但對凱恩來說卻相當有趣。這些情緒是你獨一無二的，讓你與別人不一樣。

我會永遠快樂嗎？

假設你真的無時無刻都感到快樂，這樣的日子，你會反而感到無聊嗎？假如你很愛吃意大利麵，可是當你必須每天每餐都吃意大利麵時，你還會吃得快樂嗎？或許其他情緒的出現會讓我們更珍惜每一個快樂的時刻。

是什麼讓我被視之為人類？

你看起來並不像一隻貓，更不像章魚和鼻涕蟲！人類的身體與其他動物的身體不同，但我們的思想也不相同嗎？

人類利用語言來溝通。我們能創作音樂和藝術，我們還會發明東西，更懂得解決問題。

但動物也可以！草原犬鼠在遇到危險的時候懂得運用叫聲來告知自己的同伴；小鳥能夠唱出美妙的歌曲；黑猩猩懂得畫畫；某些烏鴉甚至還會自己製作工具來尋找食物。或許人類和動物之間並沒有如此不同！

動物也有情緒嗎？

動物也可以感受到快樂、驚慌或者愛嗎？我們很難證明這一點，但許多人相信動物是有情緒的。動物在玩耍的時候會感到快樂，而當至親的同伴去世時，牠們也會感到難過。

我是獨一無二的嗎？

世界上沒有人和你一模一樣。即使是同卵雙胞胎，他們的身體也不完全一樣，他們擁有不同的指紋和雀斑。

你的思想也是獨一無二的。或許我們會有類似的情緒，例如快樂和憤怒，但我們喜歡的事物可以非常不同。在某些國家，有些人甚至喜歡把鰻魚放在冰淇淋上面一起吃！沒有人擁有完全相同的想法和感受，也不會有人擁有和你相同的記憶。

是我的思想、還是身體，
讓我成為獨一無二的自己？

　　科學家無法移植大腦，但如果他們可以呢？假如凱特和蘇菲交換大腦，你會看見一個長得像凱特的女生，卻擁有蘇菲的個性和記憶的人。那麼這個人到底是凱特還是蘇菲呢？

為什麼我會懂得這麼多事情？

　　你知道哪些事情呢？你知道怎麼閱讀，也知道怎樣刷牙；你知道橙可以吃，但橡果不可以；你或許還知道怎樣騎腳踏車，也知道植物生長的過程。

前面所述的一切都是透過學習得來的。嬰兒模仿父母學習走路和說話；你透過看書或上學學習知識。另外，「試錯」也是一種學習的方式，例如，你嘗試採用某個方法去做一件事情，當發現這方法不可行時，你便從經驗中學習，然後嘗試另一個新方法。

　　你還可以通過五官學習新事物。你的舌頭嘗到檸檬是酸的，耳朵聽到雷聲很響亮，鼻子能嗅到烤焦捲心菜那難聞的氣味！

我需要語言才能思考嗎？

　　你會説哪種語言？語言讓你能跟朋友分享一齣看過的電影，也讓你能向父母要更多的零用錢。你還能用語言寫故事和説笑話。沒有語言，我們就無法聊天了。

　　沒有語言，你甚至無法與自己對話！當我們在思考的時候，這個過程就好像是在和腦中的自己對話，所以我們需要用到語言。但有時候思考也像是在看腦海中的畫面，這類型的思考不需要用到語言。

動物也有語言嗎？

　　動物可以向同伴傳達訊號。牠們會鳴叫、吱吱叫、咆哮或者低吼。但這些算是語言嗎？大部份科學家認為不是。動物之間傳達的信息通常很簡單，例如「有危險！」或者「走開！」，牠們不能組織文字來表達複雜的想法，而人類則不同。

我可以知道別人在想什麼嗎？

這個世界上會不會有人懂得讀心術？如果有的話，他們便會發現你偷藏糖果的地方，或者發現你害怕瓢蟲害怕得要命。真是如此的話，這就糟糕了！

有些人聲稱自己懂得讀心術，但這很可能是騙人的。他們只是能夠「看見」別人在想什麼，其實你可以透過細心觀察別人，從而了解別人內心的真實想法。與其說這是魔法或者超能力，倒不如說這是作為偵探擁有的洞察力！

觀察下面這些小朋友的表情和動作，猜猜他們的內心感受。

我會永遠不變嗎？

　　你每時每刻都在改變。你的身體在不斷成長，變得越來越強壯。然後有一天，你的身高會達到可以乘坐最恐怖的過山車的身高指標呢！

28

事實上，你這一刻的身體也和剛出生時的不一樣。身體由許多微小的細胞組成，舊細胞會死亡，然後被新生的細胞取代。腦細胞可以工作一輩子，但皮膚細胞最多只能存活數個星期。

你的思維也會改變。你會學習新事物，從而獲取更多新的記憶，例如：小時候你不懂計算長方形的周界，但長大一點，你就在課堂中學會了。你甚至會改變過去固有的想法，例如：你可能決定不再踢足球了，因為你發現踩滑板才是世界上最好玩的運動。

世界上會有另外一個我嗎？

如果有的話，你會喜歡和你一模一樣的複製人嗎？或許他會成為你最要好的朋友，他甚至會替你做功課和打掃房間！

科學家已經研究出複製生物的方法，我們稱之為克隆，就是複製的意思。科學家克隆過許多動物，例如綿羊、貓、兔子、馬和老鼠，但是他們從未克隆過人類，因為許多人認為這是不對的。

　　不論如何，克隆人也不會完全和你一樣。例如：他不會有你跳過圍欄時不小心造成的傷疤。你們的性格也不會一樣，克隆人沒有經歷過你的生活，所以你們的記憶和經歷也有所不同，你真的是世界上獨一無二的！

小腦袋思考大世界

我是獨一無二嗎？

作　　者：南希・迪克曼（Nancy Dickmann）
繪　　圖：安德烈・蘭達扎巴爾（Andrés Landazábal）
翻　　譯：吳定禧
責任編輯：張雲瑩
美術設計：劉麗萍
出　　版：新雅文化事業有限公司
　　　　　香港英皇道499號北角工業大廈18樓
　　　　　電話：(852) 2138 7998
　　　　　傳真：(852) 2597 4003
　　　　　網址：http://www.sunya.com.hk
　　　　　電郵：marketing@sunya.com.hk
發　　行：香港聯合書刊物流有限公司
　　　　　香港荃灣德士古道220-248號荃灣工業中心16樓
　　　　　電話：(852) 2150 2100
　　　　　傳真：(852) 2407 3062
　　　　　電郵：info@suplogistics.com.hk
印　　刷：中華商務彩色印刷有限公司
　　　　　香港新界大埔汀麗路36號
版　　次：二〇二一年十一月初版

ISBN: 978-962-08-7879-4
Original Title: *What Makes Me Special?*
First published in Great Britain in 2021 by Wayland
Copyright © Hodder and Stoughton, 2021
All rights reserved.

Traditional Chinese Edition © 2021 Sun Ya Publications (HK) Ltd.
18/F, North Point Industrial Building, 499 King's Road, Hong Kong
Published in Hong Kong, China
Printed in China